我的自然观察笔记

这本书属于

———————————

作者简介

[韩] 禹种荣

1954年出生于首尔，幼时便喜欢花朵和树木，曾从事树木培植工作，现在是一名摄影作家，在多个市民团体中开办有关树木的讲座。1995年开始每年到中亚进行植物探索研究，进行植物图鉴的编写。著有《植物旅行全集》《我想像大树一样生活》《大树，大树，你为什么如此忧伤？》《闲散的山中之行》等。

[韩] 白南元

韩国插画家，毕业于首尔大学西方学专业。代表作有《我的朋友小不点》《今天运气坏透了》《帮我提包的孩子》《韩国生活史博物馆》《你好，大草原》《请带我一段路》等。

感谢你，
大树医生！

我们来拯救生病的大树

[韩]禹种荣/著 [韩]白南元/绘 王晓/译

北京联合出版公司
Beijing United Publishing Co.,Ltd.

如果世上没有树木，人类将无法生存

当今社会飞速发展，煤炭、石油等能源被大量使用，制造电力的发电厂，生产产品的工厂，马路上驰骋的汽车，寒冬房间内热乎乎的暖气……可是，使用能源过程中产生的有害气体会扩散到大气层中，产生温室效应，使得整个地球正在逐渐变暖。

随着地球变暖，南北极的冰块也在慢慢融化，海平面正一点点升高，一些小岛正日渐淹没于海水之中，或许我们所处的温带地区会变成热带气候，人们开始努力做一些事情试图阻止这场气候异变。为了减少温室气体的排放量，多个国家的代表聚集在京都，签订了《京都议定书》。

《京都议定书》为各国的二氧化碳排放量规定了标准，并约定共同合作开发太阳能、风能等替代能源，同时各国要大力植树造林，让森林吸收更多的二氧化碳。《京都议定书》是世界各国为积极减少温室气体排放寻找到的新方案和对策。

但是，要求工厂马上停产，所有人不乘坐汽车改为步行也是不现实的事情，那么这时候，我们应该做些什么呢？大家要努力做到少用能源，多植树。

最近我看到了一些树木，发现它们并不是很健康。树木要健康成长，必须要进行更多的碳素同化作用，但是现在的树木因遭到污染叶子变得斑斑点点，树皮也变得又黑又脏。

如果人类生病不舒服，会哭喊着寻求帮助，但是树木却不会说话。那些远离故土无法适应新环境的树木，那些根部腐烂正慢慢老去的树木，那些为给人类提供方便而窒息的树木……在我们生活的周围，正忍受疼痛的树木数以万计。

如果树木生病不能吃饭，我们要给树木注射营养剂；如果树木被汽车撞伤，我们要给它们治疗，帮助它们尽早康复。人类生病可以躺下来休息，但是树木却无法躺卧。树木向来就是这么内敛不露声色，如果它们实在疼痛得无法忍耐，便一声不响地等待死亡，静静地死去。

如果世上没有树木，人类将无法生存。

让我们用心观察一下，看看那些默默站立着的树木是不是在健康生长。

禹种荣

用笔记定格大自然的美好瞬间

　　"现代环保运动之母"、美国海洋生物学家蕾切尔·卡逊说过："那些感受大地之美的人，能从中获得生命的力量，直至一生。"

　　这与"我的自然观察笔记"的精神是那么契合。人们在繁杂的社会里摸爬滚打，或功成名就，或坎坷万千。当你受尽委屈和误会心灰意冷时，大自然会是最好的治疗师。

　　"我的自然观察笔记"系列展现给我们大自然的奇妙，更启发我们自然的博大。一只知了的叫声能惊醒我们观看生命演绎的精彩；一朵浪花拍打海岸的响声能带给我们自然运动的神奇；一棵久病缠身的老树阐释万千生命相互关联的道理；那些千年古树依旧健康存活至今，这个过程中又发生了哪些鲜为人知的故事呢？我们从自然世界的细枝末节找寻到了能够给予人类微言大义的真理。

从小亲近自然，养成随时把自己看到的和想到的事情记录下来的习惯，我们就可以积攒下越来越多的大自然的美好时刻，这些感想可以激发我们无限的想象力和创造力，了解发现和探索的意义；观察自然可以让我们所有的感官都活跃起来，从虫子到树木，再到自己的内心世界，让心变得更纯净、更明快……

"我的自然观察笔记"开启了科普阅读的新领域，一方面拓展孩子们的科学视野，另一方面改善孩子们的学习习惯和阅读习惯，阅读这套书可以用心感悟自然，用笔记录自然，用心阅读自然。

阅读，不仅仅是知识的积累，更是领悟精神的过程，读自然是感悟生命的力量，参透生命的意义。

编者谨识

2013年5月27日

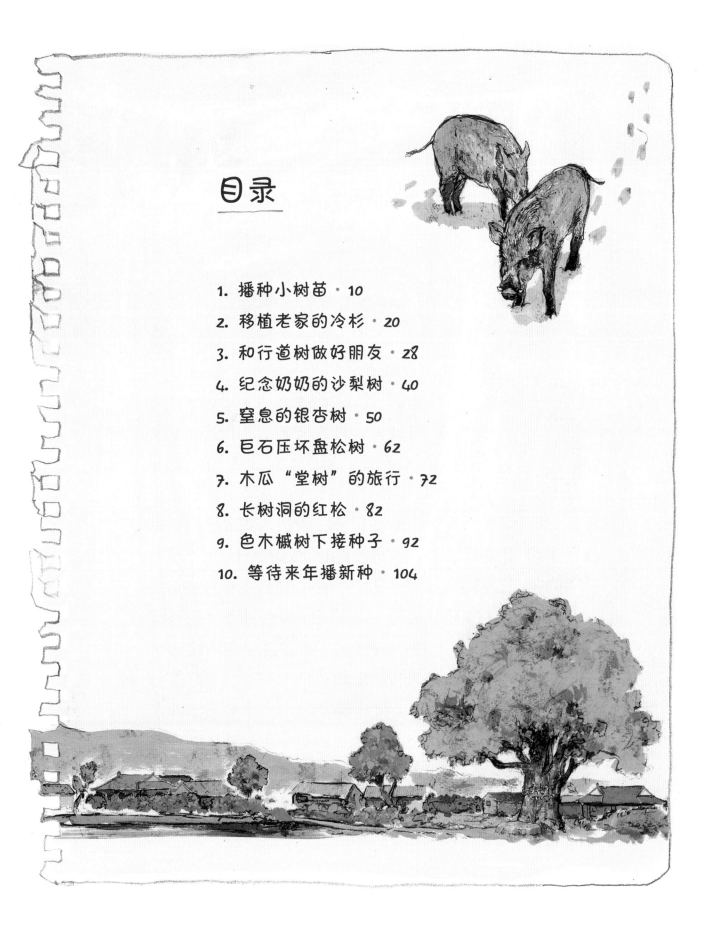

目录

1. 播种小树苗

　　大手爷爷住在小山村里，院子的一角种着一棵沙梨树，房子周围有爷爷照料的一小块宅基地，另外，在离家稍微远一点儿的地方有爷爷精心培育的林地。要说这里是家的话，其实只不过是几间稀稀疏疏的房屋。爷爷养着一只小狗叫"跟屁虫"，除了跟屁虫偶尔汪汪吠两声，这里真的很幽静。

　　但是，总有很多人来到这个偏僻的小山村寻找大手爷爷。或许你要问为什么，因为大手爷爷是大树医生，也就是给大树看病治疗的医生。大手爷爷和树木长时间生活在一起，只要他粗略地一看就知道树木哪里不舒服。因此，人们经常会来到这个深山里的小山村寻求大手

爷爷的帮助。

啊，对了！大手爷爷的手掌非常大。或许是因为经常修整树木要使用剪刀，手才这么大吧。因此人们都亲切地称呼爷爷"大手爷爷"。

"啊，让我看一看。"

今天，大手爷爷又戴上老花镜，一粒一粒仔细查看种子，将又大又有光泽的种子筛选出来。

"你们这些小家伙儿啊，虽然一棵大树上会有数万粒种子，但是能长成参天大树的种子却只有一两粒。在大自然中，只有强大的家伙才能生存下去，所以要提前把一些坚实的种子挑出来……这样大树才不会生病，才能活好久好久。"

大手爷爷将挑选出的种子掺在潮湿的沙子中，装进带有铁丝网的箱子里，然后埋进地下，最后在隆起的泥土上方插入一截树枝。

"这样做好标记，来年春天找起来就容易多了。"

之后，大手爷爷将来年要播种的土地耕翻一遍，这样做，那些会啃噬幼苗的昆虫幼虫就会从土壤中跑出来，不久就会被冻死。

种子保管：生长在寒冷地带的树种在干燥的情况下，会推迟萌芽时期。为了防止种子变干，将种子保管在湿润的沙土中，在人工控制下给予适当条件，促使所有的种子发芽快、健壮。这时候，为了防止老鼠进入箱子，需在箱子上面覆盖一层铁丝网。

漫长的冬天里，地面上堆积着洁白的冰雪，种子们就在土地下面温暖的环境里冬眠。冬季过后，小溪边柳枝上的雪一点点融化，冬雪的外套逐渐被脱掉，露出了灰白的茸毛，上面包裹着嫩黄的新芽。这时候，要开始平整去年冬天耕翻的土地了。

　　"哎哟喂！好累，现在那些会折磨小幼苗的虫子应该全都冻死了吧。"

　　突然，大手爷爷开始张望这片土地。

　　"去年，我好像在这里插的小树枝……"

　　爷爷终于找到了去年冬天埋放种子箱子的地方。

　　"对了！就是这里了。"

播种：种子播种的深度为种子直径的3倍左右。播种过深，种子无法破土发芽；播种过浅，种子易干枯，不能顺利发芽。

大手爷爷将土地整平之后，来到埋放种子箱子的地方将箱子挖出。从冬眠中苏醒的小树种吸收了适量的水分，变得圆鼓鼓、胖乎乎的。

"小家伙儿们，你们长了不少肉呢！"

大手爷爷为了方便灌溉，挖出一排排垄沟，然后开始播种。土壤享受着暖洋洋的阳光，地面上的积雪融化后恰好渗入泥土中。为了防止春风吹干土壤，要在地表严严实实地铺上一层秸秆。因为这样小树种不会变干，才能在松软的泥土间吐出子叶。纤细的小树根会探索着，朝黑暗的泥土深处延伸来吸收水分和营养。小树苗长出了第一片类似真叶的叶子。但是，正午的阳光依旧十分炙热，偶尔也会下起雷阵

种子

橡树种子

松树种子

枫树种子

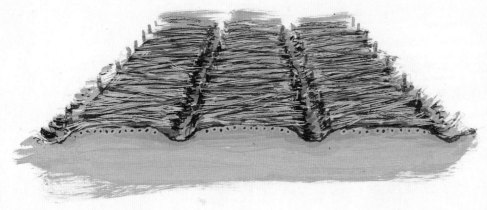

覆盖地表：有的树种在背阴处发芽，有的树种在向阳地发芽。在背阴处发芽的种子播种完后，要在上面铺盖上一层严实的秸秆来维持一定的湿气。如果不这样，树种时干时湿，很快就会腐烂。

支起遮阴棚：小树苗在炙热的阳光下会被晒伤，这时候要给树苗支起遮阴挡板。但是，如果完全阻隔阳光，树苗就无法进行光合作用，因此要根据树苗的不同情况，使定量阳光均匀通过遮阴棚。

帮忙捉虫：黄地老虎幼虫生活在土壤里面，一到夜间就会爬到地面上咬食树苗嫩茎。晚上打开手电筒，就会很容易捉住这些虫。

雨，溅起的泥水把小幼苗全身上下染得黑乎乎的，使得小树苗不能充分地接受光照。这时候，爷爷就会说："哎哟，这些小家伙儿穿上泥衣裳了。"一边说着，爷爷一边用清水把幼苗擦干净。夜间，生活在地里面的蛾幼虫会爬出来啃噬小幼苗的嫩根，这时候，爷爷就拿着手电筒出来给小树苗捉幼虫。盛夏时节，为了防止小树苗们被炙热的太阳晒伤，爷爷为它们支起遮阴棚，让树苗可以度过一个凉爽的夏天。

时光飞逝，很快就到了秋天，明年这时候小树苗就会长出一圈完整的年轮了。但是要成为一棵大树不是一件容易的事情，就如同人类一样，从婴儿到成人，这期间需要经历很多磨难。

小树苗们梦想着要成为真正的大树，开始觉得身旁的朋友们很讨厌。因为大家就像是在一个蒸笼里面，相互间离得太近了。想要伸展根茎，但是不知道是谁

年轮：树木每年会长出一圈年轮，因此可以通过年轮来推测树木的年龄。

早就已经占好了位置，抢走了水分和养分，想要伸出一根树枝，也没有空间伸展。大手爷爷提着大大的铁锹，看着这些小树苗。

"哎哟！你们这些小家伙儿，在争吵着要抢先快快长大

用泥土覆盖：挖出树苗之后，要用草袋或泥土将根部包裹住。如果根部被风吹干或被阳光晒伤，根部末端须根上的细胞就会死亡。

挖掘小幼苗：要小心翼翼地用铁锹挖出，防止根部受伤。如果用手向外拉扯小树苗的话，须根会被折断，就很难吸收水分和养分。

呢！是时候移植你们了，现在不帮你们移植，你们肯定会埋怨我吧。"

大手爷爷挖出小树苗之后，将结实的树苗分开放置，包裹上一层泥土防止根部干枯，之后在更宽广的田地里撒满肥料，将小树苗一棵棵移植过来，树苗与树苗间留好足够的距离。

小树苗们被移植到更宽更舒服的田地里，虽然暂时可能会有点疼痛，但是它们很快就会恢复过来，继续茁壮地成长。

2. 移植老家的冷杉

　　"丁零零！丁零零！"

　　大手爷爷家里的电话响起来了。

　　"咦，怎么是你，有什么事情吗？"

　　爷爷每每接到电话，总是会大吃一惊。因为在偏僻的小山村里，一直都很安静，安装上电话也没多久。家里的电话机还是老式的，要把手指伸进小洞中转动拨号。比起新事物来，大手爷爷对一些年代久远的老物件更情有独钟。他不会浪费食物，对于出故障的物品也会用自己的大手麻利地修好。因为大山里所有的东西都十分珍贵。

今天是谁找大手爷爷呢？爷爷正做着晚饭，听到电话铃声，急忙跑出来接听电话。

"爷爷！"

"啊，是惠琳呀。"

是大手爷爷的孙女惠琳，爷爷也一直在担心小孙女呢。因为惠琳的爸爸生意不太好，他们都搬到隔壁村子里去了。

"惠琳啊，新家怎么样啊？"

"很好啊。爷爷不用担心。山村里空气都很清新，据说到了雪天还可以在山坡上滑雪呢。另外，爷爷你不知道，村子里的小朋友好多好多哦。"

朝鲜冷杉
Abies koreana

朝鲜冷杉生长于高山地区，与臭冷杉类似，但种鳞向后倾斜，是有名的观赏树木。

"嗯，太好了，放假了就到爷爷家来玩。但是，惠琳今天打电话有什么事情吗？"

"在老家里，爷爷不是帮忙种了一棵树嘛？"

"是啊，爷爷种了一棵朝鲜冷杉。"

"现在我想把那棵树移植过来，因为新家附近有一座大山。"

"哦？"

"但是，我知道树木不能随随便便移植嘛。"

"是呀，如果移植方法不正确的话，大树会死掉的，按照爷爷的话好好移植，大树一定可以活很久很久的。我会把详细内容写在信里寄给你，不要担心了。"

爷爷放下电话，内心感到很欣慰。惠琳好像昨天还是那个蹒跚学步的孩子，现在已经长得这么大了……

11年前，为了纪念第一个孙女惠琳的出生，大手爷爷把一棵亲手种植栽培的5年生的朝鲜冷杉种在了惠琳家院子的一角。

"小小孩子怎么会想到要移植树木呢，看来是像我，有点奇特吧……"

大手爷爷微笑着拿出信纸开始写信。

惠琳，我的宝贝！

　　上次到你们老家看了看，发现你家的树长得已经很大了。你已经11岁了，那棵树也已经种植了11年。你的想法很好。比起拘束在狭窄的院子里，朝鲜冷杉会更喜欢在大山里生活。等爸爸妈妈休息的时候一起将大树移植过去吧。爷爷在信后面告诉你详细的移植方法……另外，我用一些树种培植了些小树苗，给你一块寄过去，你和小朋友们一起把它们种在山上，想必大家会很开心吧。希望你们能像大树一样健康茁壮地成长！

深爱惠琳的爷爷

某年某月某日

惠琳，试一试这样做吧！

移植对于大树来说是一件十分重要的事情。那是因为大树从来没有搬过家。人们不满意自己所住的地方或是因为某种原因都会搬家，但是在土地深处扎根生长的大树会坚守在同一个地方。特别是周边环境不变的情况下，大树从出生到死亡都会待在那里，这就是大树的一生。因此移植树木就相当于人类接受一个大型手术。那么，怎样做才能让大树成活呢？

第一，要分析研究一下移植的地方是不是大树喜欢的场所。喜欢晒太阳的大树要种植在向阳处，喜欢水的大树要种植在水边。朝鲜冷杉就喜欢透水性好以及全天都阳光充足的地方。

第二，将大树挖出转移的时候一定要多加小心。因为大树的须根十分脆弱，轻微的碰撞就会折断。要小心翼翼地搬动，让大树察觉不到它正在被移植，这样的话，大树恢复生长的速度也会加快。

第三，移植后一定要给大树灌溉充足的水，并在大树周围支起一些护板，防止大树被风吹得左摇右晃。因为大树在扎新根的时候，如果被摇晃得厉害，新根就会断掉，之后就不会再扎根了。另外，越高的地方就越容易把树吹动。

移植树木

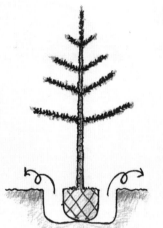

2. 运输：为了防止树枝折断，运输时要用支架支撑着大树。

3. 挖树穴：树穴宽度约为土球直径的2倍，深度大约比土球的高度再加深30厘米左右。

1. 挖掘土球：土球直径一般不得小于离地面10厘米处树干周长的2倍。

4. 还土：肥土大约20厘米厚，在上面根部不能直接接触肥料，要再铺盖上厚度10厘米左右的泥土，然后将大树放进去。（图片左侧：泥土 右侧：肥土）

6. 铺地膜：水分渗入土层，土壤就会向下沉。下沉多少，就要再铺多少泥土。为了减少地面水分蒸发，要在最上面覆盖上一层草或落叶。

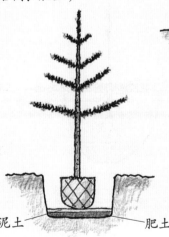

泥土 ———— 肥土

5. 立支柱：填满泥土后，为了防止大树倒掉，要用一些护板作支撑。另外充分灌溉后，要用木棍进行搅拌。这样水分才能渗入，不会产生孔隙，因为一旦出现土壤孔隙，根部可能因缺水而干枯。

给幼苗包上一层泥土覆膜：移植幼苗时一定要给根部包上一层泥土覆膜，如果不这样做的话，根部末端的须根就会被阳光晒伤或干枯，无法吸收水分和养分。

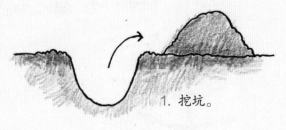

1. 挖坑。

2. 放入水和土壤，搅拌，制成泥水。

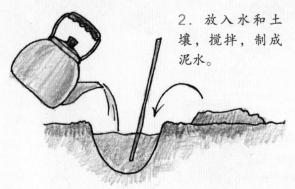

3. 将幼苗根部插入泥水中后拔出，泥土覆膜就包好了。

种植幼苗：在挖掘泥坑栽种幼苗时，一定要按照顺序铲出土壤。因为营养成分最多的土壤要放在根部下方。

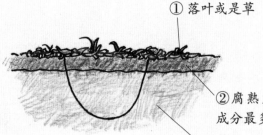

① 落叶或是草

② 腐熟充分、营养成分最多的土壤

③ 一般土壤

1. 将①②③分开放置，不要掺在一起。

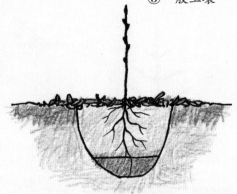

2. 首先在泥坑中铺上一层②，插入树苗，之后覆盖上③和①。

好了，现在我来告诉你怎么样种植小树苗：幼苗很轻，搬动起来很容易，种植起来也不是很难，相信你一定可以做好的。

因为幼苗根部没有泥土包裹，所以一定要保证它不要直接接触太阳光，简单的方法就是搬动时把幼苗的根部包起来，但是这样根部很容易干枯，所以你可以试着按照下面介绍的方法做。

将泥土地轻轻挖开，倒进一些水，用木棍搅拌，制成泥水。之后将树苗根部浸泡在里面，拔出后就制成了一层薄薄的泥土覆膜。这样根部就不会轻易干枯，也不用担心会被阳光晒伤了。

另外，提前了解幼苗喜欢什么样的生长环境再种植，小树苗才能茁壮成长哦。种植的方法是在地面上挖出一个泥坑，将树苗的根部小心翼翼地放进去，再覆盖上土壤，但是这时候要保证落叶和草根不要掉落进去，落叶和草根掺进土壤的话，树根之间就会产生孔隙，根部很可能就会干枯。因为树根只能吸收完全发酵的有机物，落叶和草根对此有害无益。另外，草根和落叶还会产生热量，树根受热的话就出大事了。将幼苗轻轻放置坑内后，一定要将土壤使劲踩平，最好在最上面铺上一层落叶。将幼苗轻轻放置坑中，须根之间被厚实的土壤填得满满的，根部就不会向一边倾斜了。

最后，移植的树木就如同一个刚刚做完手术的病人，因此一定要用心照料它，记住了吧。

3. 和行道树做好朋友

　　大手爷爷有一辆年代久远的自行车，二十年来，这辆自行车在山路上上上下下行走，真的算得上是一辆古董自行车了。这期间，扎破的车胎被多次修补，车身也有多处破损生锈。但是，爷爷却经常擦洗涂油，比谁都用心修理这辆常出故障的自行车。

虽然这辆自行车又旧又不起眼，但是对大手爷爷来说却是最重要的交通工具。当地几乎不通公交车，山路又深又长，因此大手爷爷总是骑着自行车出行。

"嘘嘘嘘！嘘嘘嘘！"

大手爷爷吹起了口哨，看起来是有开心的事了。他先给自行车链条涂上油，又给车胎打上足足的气，然后整理好锯、铁锤、凿子、医药箱、园艺铲、园艺剪和杠杆，这些都是医治树木时需要的工具。看爷爷在准备工具，好像是要去给树木治病。但是，好像又与平常有所不同。如果是给树木治疗，爷爷脸上常常"阴云密布"，但是今天整理着工具时却吹起了口哨……

大手爷爷骑上自行车走了一段路又从车上下来了，是有什么东西落下了吗？原来，小狗跟屁虫总是跟在后面。

"跟屁虫呀，你今天可不能跟着来哦。因为爷爷要在车流熙熙攘攘的地方待上一整天。你去前几天播种黄豆的田地里看着点喜鹊，现在还没发芽，小心那些鸟儿把豆子都啄走了。知道了吧？"

怎么会这样！跟屁虫本来想要跟着爷爷的，现在看样子要一整天和喜鹊玩捉迷藏了。

"汪汪汪！"

跟屁虫心有不甘地大声叫着，但是爷爷早就已经转过了胡同，如果不被那个石头绊住就好了……大手爷爷心情愉快时，总是空手骑自行车。

今天要和镇里小学的孩子们一同观看行道树。这是学校

大手爷爷的工具

园艺铲：用于铲下根部包裹的淤泥。

铁锤：敲击凿子手柄的后半部分，可以挖出腐烂部分。

锯子：用于截断折枝或粗枝。

凿子：用于挖出大树腐烂的部分。

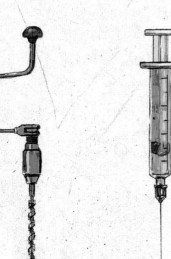

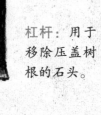

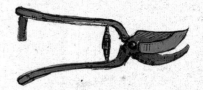

钻子：给树木注射时，为了方便针尖插入，要给树木凿一个洞。

注射器：用于消灭树木体内的害虫。将树木凿出一个洞，使用时将注射器插入，注射药物。

吊袋注射液：树木虚弱时注射的营养液。

杠杆：用于移除压盖树根的石头。

园艺剪：用于修剪树枝。

老师拜托爷爷的事情。大手爷爷非常喜欢和小孩子们在一起，所以今天才吹起口哨，显得很兴奋。

刚到镇里的道路旁，就听见了孩子们叽叽喳喳的声音。

"孩子们，大家好！"

大手爷爷开心地跟孩子们打招呼，脸上乐成了一朵花。然后，他和孩子们一起观察行道树。

"孩子们！看到那棵法国梧桐树身上缠绕的绳子了吧，如果长时间捆绑在大树上，对大树的生长是十分有害的。大树虽是向上生长的，但是每年会产生一圈年轮，也会向四周生长。所以，横幅捆绑在大树上，会导致树干被捆绑的位置无法生长而深深地凹陷进去。宣传条幅用绳子缠绕在大树上，人们最后往往只撤走条幅，却把绳子留在树上。道路上有很多绳子妨碍大树生长的情况吧。"

孩子们听了爷爷的讲解露出惊讶的表情，他们从来没有想到一根小小的绳子会对大树的生长产生这

法国梧桐
Platanus orientalis
悬铃木科落叶乔木

也被称作悬铃木。叶子大而宽，为5~7枝。树干上树皮大块脱落会显出灰白色斑块，如同皮肤癣，因此在韩国被称作"癣树"。空气净化能力强，是世界著名的优良庭荫树和行道树,有"行道树之王"之称。

大树上捆绑的绳子：捆绑在大树上的绳子
留在树上会导致被捆绑的位置无法生长而
凹陷进去。这样大树体内的营养成分无法
正常传输，大树也就无法茁壮成长。另
外，如果风力强劲，大树凹陷处会很容易
被折断。

么大的危害。过了一会儿，一个小朋友询问大手爷爷。

"爷爷！那些悬挂在行道树上用于装饰街道的电灯，也会对大树产生影响吗？"

"电灯亮着悬挂在大树上，不会直接对大树生命造成影响，但是如果在人类身上牢牢缠上电线，打开电灯会怎么样呢？虽然不知会对生命造成什么影响，但是心情肯定不是那么愉快吧。大树难道不也是这样吗？"

"大手爷爷，这棵树的树皮脱落了，好像被什么东西严重撞伤了。"

树干伤口：行道树有时也会被汽车撞伤，如果树干有了伤口，根部吸收的水分就无法向上传输，叶子就会干枯，另外叶子制造的营养成分也无法向下传输给根部。

树瘤：大树上产生树瘤的原因有很多，如果剪枝过多的话，也会出现这种情况。春天，为了长出新叶，大树会从根部向上传输水分和养分，但是如果没有可以接收的树枝，树干就会长出这些树瘤变得疙疙瘩瘩。

一个孩子指着一棵树皮脱落的大树说道。

"行道树总是处于各种危险之中。这看起来像是被汽车碰撞后产生的伤口。虽然这不应该发生，但是对于行道树来说却是经常的事情。因为人们知道躲避，但是大树却无法移动啊。这种情况，不仅会中断水分和养分的传输道路，而且细菌会从伤口进入，大树可能会腐烂的。我要给它治疗一下。"

大手爷爷用药棉蘸上酒精进行消毒，给大树伤口处涂上治疗药物，缠上绷带。然后，爷爷继续给孩子们讲解行道树的来历。

　　"很久很久之前，行道树是为了帮助
远行的旅人而栽植的，因为不知道走了多
远，所以为了标注路程，5里一棵，10里
一棵而种植。此外，也会为了盛夏乘凉而
种植。但是，现在道路上都有了指示牌，
大家出门都会开车，于是栽植行道树就是
出于别的目的了。"

　　"是为了什么呢？"

"城市被钢筋混凝土建筑物和柏油马路塞得满满的，又吵又热，空气污染很严重。但是，这些问题都可以通过树木来解决。大树能释放出新鲜的空气，降低噪声，还可以降低城市的温度。因此行道树一般都是种植法国梧桐或银杏树等对公共污染有强大抵抗力的树木。行道树给我们做了这么多好事，我们难道不应该关心它们吗？"

　　孩子们一边听着一边点头，看着这些行道树，每个人都陷入了沉思。

　　很快，大手爷爷把孩子们又召集了过来。

　　"从今天起认一棵大树做自己的好朋友，大家觉得怎么样呢？"

　　孩子们开始到处观察树木寻找自己的大树朋友。

地下的根：行道树的根向下延伸不是很容易的一件
事。大树只有避开地下缠绕着的像蜘蛛网一样的密密
麻麻的电线和管道才能伸展根部。

　　"认定了大树朋友，就要好好照顾它。因为是自己的好
朋友，就要仔细查看它是否受伤了，是不是有害虫或细菌
侵入产生了腐烂，是不是因为根部无处延伸而闷闷不乐。
然后大家要帮助它解决这些问题。"

孩子们分散开来各自去查看自己的大树朋友。

"大手爷爷！这里为保护大树根部而罩着的盖子的缝隙间有人们扔的烟头和垃圾，我的大树朋友好像因此很不舒服。"

大手爷爷用杠杆把铁盖子提起来，看到被污染得黑乎乎的土壤上堆积着烟头和垃圾。

"连根部附近的土壤都被污染得这么黑，真的是很严重啊，幸好根部还没有被污染。尽管如此，大树作为行道树的生活依旧是无比艰苦的。虽然我们无法进入土壤内部查

看，因为行道树以下有无数的管道和电线经过，大树在伸展根部时为了避开管道和电线肯定没有一天轻松的日子啊。"

听着爷爷的每句话，孩子们都感到十分震惊。

"从今天起，你们要好好保护自己的大树朋友，记住了吧！即便它们没有脚，无法寻找更好的生活场地，但是对于它们来说，有了一个新朋友，肯定是很开心的一件事。"

4. 纪念奶奶的沙梨树

太阳落山了，不一会儿，天上升起了一轮圆月。大手爷爷倚靠在路边的一棵大沙梨树旁忘记了回家。这几年大手爷爷一直在努力挽救这棵树，虽然爷爷迫切想要拯救这棵正在走向死亡的大树，但是他真的是无能为力。因此，爷爷不得不放弃了对大树的治疗，只能放任它自生自灭了。沙梨树一天比一天变得虚弱，好像即将终结生命与世告别。

"好吧，好吧，那时候是我做错了。就是拼尽全力也应该阻止的……现在后悔有什么用呢。"

这个时节，树枝上应该绽放着雪白的花朵吧，大手爷爷站在沙梨树底下回想起往事，内心无比伤感。因为这棵沙梨树承载了爷爷太深的情感。

要说大手爷爷和这棵沙梨树的因缘，应该要从几十年前说起了。那时候，奶奶得了严重的心脏病。

"老头子，你还记得当年初次见我的时候说我像一朵雪白的梨花吗？"

"当然记得。"

"那时候我们见面的村庄里有一棵沙梨树吧。"

"你快些好起来，一定要像沙梨树一样健康起来。那棵树现在可茂盛了。"

"我好像活不了太久了。我走之后把我的骨灰埋在那棵树底下吧。那样的话，每年都可以开出白色的花朵，让你开心了。"

几天之后，雪白的梨花飘落之际，奶奶停止了呼吸。大手爷爷依

沙梨树
Pyrus pyrifolia

蔷薇科落叶乔木

生长于山中，叶片呈卵状，边缘处有锯齿。果实比普通梨要小，木材用于制作乐器和家具。海印寺中八万大藏经的一部分也是由沙梨树制成。

照奶奶的遗言，将奶奶的骨灰均匀地埋在了沙梨树下面。那年秋天，沙梨树结出特别多的果子。每当爷爷看到沙梨树，就会想起奶奶，内心深处就像是被针扎一样。因此，爷爷想把沙梨树移到附近的地方，于是从树上采摘了果子，精心栽种在院子的一角。

但是，过了没多久，埋藏着奶奶骨灰的沙梨树开始出现了异常，一直都茂盛生长的沙梨树不再向上生长了。什么原因呢？每当沙梨树周围有汽车经过，地面就会变得更加

结实坚硬，导致根部无法向远处延伸。对于大树来说，根部无法正常伸展而只是树干一味向上生长是十分危险的，因此大树只好停止了自身生长。而且，汽车经过的时候会扬起灰尘，灰尘依附在沙梨树叶子上，很难脱落，可是沙梨树要通过吸收阳光制造养分，因此，除非阵雨来临，冲洗掉叶上的灰尘。否则，叶绿素一直不能工作。大手爷爷每每看到沙梨树这番模样，内心伤痛无比。

　　或许因为车辆络绎不绝，现在行人也逐渐减少，在树底下休息的人们也不见了。只是偶尔有喜鹊等鸟儿飞来啄

路边的大树：如果有很多汽车经过，地面会变得坚硬。因此大树根部很难吸收到养分和水分，另外因为无法尽情地延伸根部，大树也没有力气支撑整个树身。如果台风来临，行道树会很容易折断，这也是因为地面变硬，根部无法正常伸展的缘故。

食树上结的果实，之前热闹的场景再也看不到了。

但是几年后，发生了一件更大的事情。有一天，一队人来到这里在地面上钉上木桩开始测量道路。村里的人们都纷纷讨论到底是什么事。

"听说是要铺设这条路，因为这里有很多车辆经过，会产生很多灰尘，因此想要用柏油重新修一修这条路。"

听到要把这条坑坑洼洼的山路修得平坦顺畅，村里的人们都很高兴。沙梨树也很开心，因为从此以后就不用在尘土飞扬的环境中饱受折磨了。

但是开心是暂时的。要铺设笔直宽阔的道路，沙梨树恰巧就在道路中央，所以为了修路，必须要把沙梨树移除，但是不能直接砍伐，又不能把沙梨树放置不问，那样道路就会变得弯曲……

村里的人们和施工负责人商量后决定将沙梨树移植。很快，居住在山里的大手爷爷也听说了这个消息。

"难道不能让沙梨树待在原地绕道修路吗？"

爷爷提议不移植沙梨树绕道修路，施工负责人摇了摇头。

"爷爷，如果道路弯曲的话，会发生很多交通事故，这棵树也会因车辆碰撞最终死掉的。已经决定要移植了，爷爷就不要反对了。"

爷爷无法再坚持自己的意见了。

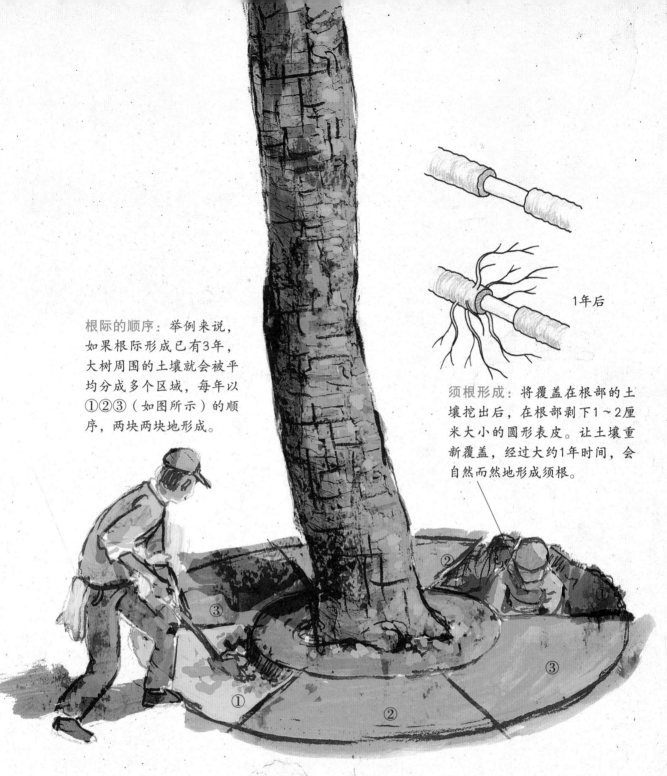

根际的顺序：举例来说，如果根际形成已有3年，大树周围的土壤就会被平均分成多个区域，每年以①②③（如图所示）的顺序，两块两块地形成。

1年后

须根形成：将覆盖在根部的土壤挖出后，在根部剥下1～2厘米大小的圆形表皮。让土壤重新覆盖，经过大约1年时间，会自然而然地形成须根。

根际：移植大树的时候，无法将所有的根部原封不动地移植。移植时，只需留下大树底部直径的2～2.5倍左右的根，其余的都要剪掉。这样的大树虽然没有什么大问题，但是对于那些树龄长的大树来说，这时候就要把根部那些能吸收水分和养分的须根全部剪掉只留下粗根，因此移植它们的时候一定要把根际一同移植。根际在大树移植后有助于那些被剪掉的部分长出可以吸收水分和养分的须根。根据树木大小的不同，根际形成的时间也需多年。

"那么什么时候移植呢？"

"最好明天就马上移植。"

"怎么可能呢？这么大的树怎么可能一天之内就移植完呢？"

"我们只是按照命令行事，不能因为这棵树影响了我们的施工进度。"

"如果要移植这么大的一棵树，至少也需要三年的时间。这棵树和小幼苗是不一样的，树身周围都是粗壮的根部，几乎没有须根。从现在起的几年间，逐步将粗根剪断，须根会渐渐长出，这样依照根际移植吧。"

大手爷爷几近哀求地为沙梨树讲情，但是施工负责人没有听爷爷的话。第二天，工人们就用挖掘机和起重机将沙梨树轻易地移植在道路的一旁。

就像爷爷说的那样，这样一次性被移出的沙梨树一天

之内就变得异常虚弱。
爷爷每天都到村子里精
心照料它，给它注射营
养液、浇水，但是此时
原本应含苞待放的沙梨
树变得干巴巴的，再也
不见往日繁盛的光景。
现在沙梨树已经变得十
分虚弱了，大手爷爷也
无法拯救了。

爷爷迈着沉重的脚步朝家的方向走去，正在逐渐老去的沙梨树在背后越来越远。回到家中，爷爷看到那棵从大沙梨树上取果后，种植在院子一角的沙梨树绽放着雪白的花朵，又想起奶奶生前说每年会开出白色的花朵让他开心，爷爷的眼中溢满了泪水。想到埋有奶奶骨灰的沙梨树正在老去，又想到奶奶的容貌，爷爷泪流不止。大手爷爷紧紧地抱住了院子里的那棵沙梨树。

5. 窒息的银杏树

　　或许因为连续几天没有下雨的缘故，田地里热气腾腾的，大手爷爷正在种有小树苗的田地里除草。这个时节，一时没有照顾到，这里便杂草丛生，甚至盖过了幼苗，所以爷爷抽空就要到地里面拔草。

　　这时候，田的另一边有人在喊他。

　　"大手爷爷，大手爷爷，在那里吗？"

"是谁啊？"

一位40岁左右的大叔气喘吁吁地跑了过来。

"这位老人家就是大树医生大手爷爷吧。"

"呵呵呵！人们都这么称呼我，您找我有什么事吗？"

"我来找您是为了我们村的银杏树。"

"银杏树出了什么问题？"

"是的，曾经生长茂盛的银杏树几年前开始枯萎了。"

"……"

大手爷爷表情立刻变得严肃起来。

"如果老人家能一起去的话，真的十分感激。大家都对银杏树很有感情，希望您能救活它。"

大手爷爷带上工具箱跟着那位大叔出发了。沿着山路一边向下走，大叔一边给大手爷爷讲述银杏树的故事。

"真的是很久以前的事情了。"大叔说。

有一天，村里的一个小孩子到邻村去玩耍，在路旁看到一棵亭子树（译者注：供人们休息的路边大树）。小孩子想到自己村子里没有这样一棵大树，于是询问村里上了年纪的老奶奶。

"奶奶，为什么我们村子里没有亭子树呢？几天前我去邻村玩耍，看到那里有一棵好大好大的树。"

听到孩子这么问，奶奶就给他讲了一个很久之前发生的故事。

银杏树
Ginkgo biloba
银杏科落叶乔木

银杏树是3亿年前与恐龙同时代存在于地球上的植物。虽然看起来像是阔叶树，但其实是针叶树。可以存活于污染严重的地方，常作为林荫树被广泛种植。

"你看到的肯定是那棵雄性银杏树吧。"

"嗯？"

"我们村子里曾经也有一棵很大很大的雌性银杏树，和你看到的那棵雄性银杏树是一对的。但是，有一天，风雨交加，电闪雷鸣，那真是可怕的一天啊。我一辈子都没见过那么大的暴风雨，那天晚上我躲在被窝里一动也不敢动。第二天，出去一看，发现银杏树被闪电击中，被烧得所剩无几。如果活到现在，应该长得非常大了吧……"

奶奶讲完故事之后，孩子又问道："那么，为什么不再栽一棵银杏树呢？"

"如果重新栽种的话，什么时候能再长成那么大的一棵亭子树呢？"

孩子心里想，即便现在开始种，时间久了村子里总会有一棵亭子树的。于是，他央求爸爸寻来一棵小小的银杏树苗。孩子把这个小树苗用心种植在小溪附近有流水经过的斜坡处。

"虽然现在还很小很小，但是它一定会茂盛地生长起来，到时候村里人就可以在凉爽的树荫下乘凉了。"

孩子一边点头一边自言自语。

银杏树仿佛听懂了孩子的话，一天天茁壮地成长起来。

根部深深地扎根在土壤里，枝干朝着天空尽情地伸展开来吸收阳光，之后将养分一点点地输往全身。

时光飞逝，当年的那个小孩早已做了爸爸。每当在田地里忙完农活的时候，他总是在银杏树下吃饭。有时候村子里的人们看到他总是开他玩笑，说："什么时候才能长大变成一棵亭子树呢？"

但是，他还是默默地照料着那棵银杏树。银杏树还在一点点长大，但是照料它的那个人却一天天老去了，变成了白发苍苍的老爷爷。现在老爷爷腿脚也不方便，总是独自盯着银杏树自言自语。

"现在我也没多少日子了，我不在也得有人好好照料这棵银杏树啊……"

爷爷在离开人世之前给孩子们留下了遗言。

"孩子们啊，我死之后一定要好好培植这棵银杏树。我们村子里也应该有一棵很大很大的可以遮阴的亭子树啊。"

爷爷去世后，不仅仅是爷爷的孩子，村子里的人们也都按照爷爷的心愿一起精心照料这棵银杏树。银杏树渐渐成了村民共同的银杏树。银杏树也好像知道报答村民似的，每年都会结出金灿灿的果实。那棵银杏树是一棵雌树（雌雄异株的树上结果的那棵树），或许是接收到从邻村的那棵雄树（雌雄异株的树上不结果的那棵树）银杏树上飘来的花粉才结出累累的果实。

又过了很多年，银杏树真的长成了一棵很大很大的亭子树，村子里的人们都很高兴。

"真的是很了不起的大树呢！"

"岂止了不起呢，现在我们村子里终于有了自己的亭子树了！"

"但是，大树种植在这样倾斜的地方会不会有点不舒服啊，我们应该用泥土来把这块不平坦的地方填平。"

村里的人们拿着铁锹，推着手推车把泥土铺垫在倾斜的地面上。

"好了，现在我们村子的人们都可以在这里休息了，还可以在这里举办村民宴席呢！"

人们都兴高采烈起来，小孩子们在结实的树枝上拴上秋千玩耍，爷爷奶奶们坐在树荫下聊起过往的故事。但是，不同于神采飞扬的村民，银杏树却一年年地衰弱下去。叶子渐渐地掉落，也很少看到银杏果，即便结出几个小小的果子也总是会掉落。

"为什么会这样呢？"

"发生什么事情了？"

"是哪里不舒服吗？"

"是不是村子里有不好的事情会发生？"

村民们不知道是什么原因，面对这棵无力的银杏树只能束手无策。这就是大手爷爷听到的故事。

　　远远地就看到了那棵银杏树。村民们都出来迎接大手爷爷。爷爷细心地查看了银杏树软弱无力的树枝，说："这棵银杏树是因为根部无法呼吸而窒息的。"

　　"大树也会窒息吗？"

　　人们惊奇地追问道。

　　"树木也和人类一样的，有生命的物体都是靠呼吸来维持生命的。"

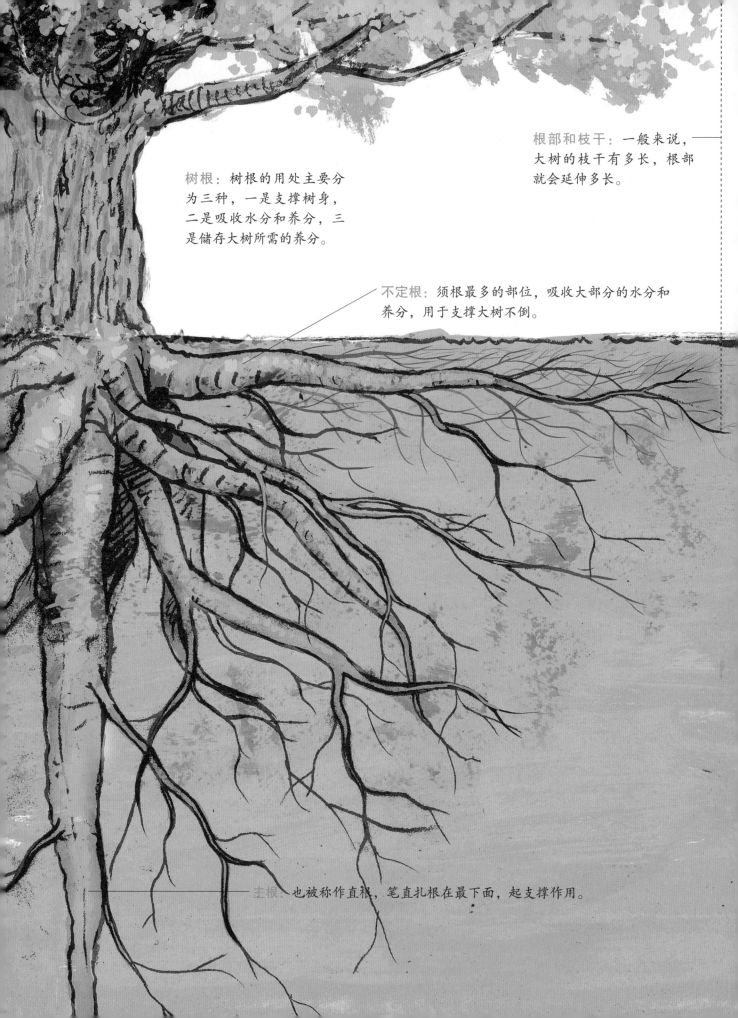

根部和枝干：一般来说，大树的枝干有多长，根部就会延伸多长。

树根：树根的用处主要分为三种，一是支撑树身，二是吸收水分和养分，三是储存大树所需的养分。

不定根：须根最多的部位，吸收大部分的水分和养分，用于支撑大树不倒。

主根：也被称作直根，笔直扎根在最下面，起支撑作用。

距离大树根部中间，土壤20厘米深处的根部通过呼吸吸收养分。

根部如果被过多土壤覆盖，就无法呼吸，也很难吸收到养分，很快就会腐烂。

　　大手爷爷在村民的注视下，将覆盖在根部的土壤挖出来。

　　"大家为了铺平道路，给大树根部覆盖了太多土壤，银杏树才会日渐衰弱的。把这些泥土挖出的话，大树性命就无忧了。先把泥土移除再说吧。"

　　"好的，好的，大家赶紧吧。"

　　村民们就像几年前一样，再一次拿起铁锹，推出手推车，把那些铺垫在地面上的泥土挖了出来。掩盖在泥土下面的枝干露了出来，已经变得黑乎乎的了，因为根部无法呼吸，几乎没有须根长出来。

"大家看看吧，变黑了是吧！大家在树底下休息起来很方便，可是大树内部变得黑乎乎的了……"

　　"……"

　　"好了，大家不要干站着，过来看看大树的根部吧。因为没有须根，还能吸收多少养分呢？大树也和人类一样啊，我们依靠呼吸才能生存，吃下饭才能运动，大树也需要呼吸，也要靠长出须根来充分地吸收养分维持生命啊。"

　　清理完泥土的几年后，银杏树又变得生机勃勃了。村民们在斜坡钉上木桩，铺上木板，在银杏树下方重新盖了处休息场所。为了纪念曾经受伤的银杏树，还竖立了一个小小的提示牌。

6. 巨石压坏盘松树

　　"大手爷爷来了啊，这有您的一封信。"

　　寄给大手爷爷的信件都放在山下村长的家里。邮递员叔叔如果要给深山里的大手爷爷送信，需要花费一整天的时间，因此爷爷到村子里干活的时候都会顺便到村长家拿信。

"是谁寄来的呢？"

大手爷爷坐在拐角处的石头上纳闷地撕开了信封，信是江原道深山里的某位僧人寄来的。

读完僧人的信之后，爷爷陷入了沉思。

您好，大手爷爷！

我是江原道横城深山里一处小寺院内的童子僧。我经常从那些到我们寺里上香的香客口中听说爷爷和大树之间的故事，因此才给您写了这封信。

最近我晚上入睡后，总是会梦见法堂前院的那棵枝繁叶茂的松树，那棵树摇晃着身子好像在跟我说："僧人，请救救我，我现在十分痛苦。"

我仔仔细细观察了那棵松树，树叶油绿油绿的，外表看起来好像什么问题都没有。到底是什么事呢？希望您百忙之中抽出时间来看一看。

啊，对了，我的法名叫作一叶，是一片树叶的意思。

一叶敬上

"那棵树肯定出了什么问题，因此才会在僧人的梦中出现。"

　　大手爷爷内心感到十分焦虑，因为经常看到一些身体健壮的人去医院检查会查出一些未知的疾病，外表看起来安然无恙的大树也一定是发生了什么事情。

　　第二天，爷爷准备好送给童子僧的点心和蜂蜜，又把治疗大树的工具放进背囊后出发了。路边的野草正茂盛地生长着，风儿却不清爽，很快雨季就要开始了。爷爷换乘了

好几次公交才到达那座小寺院。寺院门口种着一排高大的松树。

"是大手爷爷吧。"

爷爷一到达寺院，童子僧就欢快地跑出来迎接。但是爷爷没来得及听童子僧的问候，就急急忙忙地跑向了松树那边。

"小师父，我们先来拯救这棵大树吧。需要铁锹和杠杆，你能帮我拿过来吗？"

冬青树

榉树

阔叶树：具有扁平、较宽阔叶片的树被称作阔叶树。阔叶树中，有类似冬青树的常青阔叶树，也有类似榉树的落叶阔叶树。

"这棵树到底发生了什么事情呢？"

"这棵树最初种植在这里的时候，周围就被一些石块团团围住了，这是问题的所在。快点把铁锹和杠杆拿过来。"

一叶小师父拿过铁锹和杠杆，大手爷爷开始一块一块地将那些危害大树生命的石块起出来。大法师好像行动不便的样子，只是静静地待在稍远的地方关注着一叶小师父和爷爷。

挖开地面，把石块取出后，之前的那些地方变得坑坑洼洼的，大树身上的伤口也显现了出来。大树根部被石头压得扁平，颜色又黑又脏，可想而知，大树在过去的日子里受了多少苦。大手爷爷把石块都清除后，开始给一叶小师父讲大树生病的原因。

"松树的根部就像是运动员的肌肉一样，要鼓鼓地突出，这样大树才能向上生长。但是这棵大树的根部被巨石压住，根本就无法向上突出。"

"为什么松树的根部要朝向地面突出呢？"

一叶小师父歪着脑袋问。

"大树的根部如同枝干一样也是需要呼吸的，这样才能向地面上生长啊。"

"啊，原来是这样啊。"

"另外，因为那些卡住脖子的石头，大树底部无法正常生长。相反，颈部比根部长得更加粗壮，你知道这有多危险吗？而且这棵树是盘松，如果底部长得很纤细就更加危险了。"

一般来说，松树的一根枝干会笔直地向上生长，之后会长出多个分枝。但是，盘松从底部开始就有多个分枝，就像是扇子张开的模样。如果要支撑起多个向外延伸的分枝，就需要一个粗壮的底部。

冷杉

红豆杉

针叶树：松树、冷杉和红豆杉等的叶子像针一样细长，它们被称作针叶树。比起阔叶树来，针叶树的种类比较少，但是耐干燥、耐寒冷。针叶树中有冬季也不落叶的常青针叶树，也有类似落叶松和落羽杉的落叶树。

赤松
Pinus densiflora
松科常绿针叶树
只要阳光照射到的地方，赤松就能茂盛地生长。叶子通常两针一束，橙黄色雄花上会传播金色的花粉。花落后的第二年，会结出4厘米大小的松球。

另外，盘松是常青针叶树，冬季也不会落叶。虽然现在距离冬天还很远，但是一旦下雪，雪落到树枝上，大树将无法支撑树身的重量，那将变得更加危险。

爷爷怜惜地看着根部变得纤细的盘松，又继续治疗起来。

"我们要把枝干与枝干间捆绑起来，减轻底部所支撑的重量，直到大树重新恢复健康。如果放任底部那些枝干处于纤细的状态，那么底部就更加无力支撑树身了。所以，麻烦小师父帮忙找一些粗绳来。"

"真的不知道巨石一直在折磨这棵大树呢。"

"或许最初某人把这棵树种在这里的时候，把石头堆积在上面是为了美观。人们看起来好看，殊不知，对于大树来说却是致命的。"

一叶小师父找来了粗绳，大手爷爷开始捆绑松树的树枝。但是，如果把树枝之间都捆绑在一起，即将到来

移除石块：底部和根部如果被石块压着的话，底部会变得纤细，根部也无法正常延伸。这种状态持续下去，水分和养分也难以运转。

去除腐烂木质：被石头压着的部分因为无法正常生长产生了腐烂，为了防止大树继续腐烂，要把坏掉的部分剜除掉。

治疗伤口：产生腐烂的部分如果有雨水进入，会再次腐烂，细菌也会随之进入。因此为了防止细菌进入，要涂抹上药水。

立起支架：底部变得纤细，很容易被风吹倒。为了防止大树倒掉，要撑起支架，将树枝与树枝间用粗绳捆绑起来。

盘松

松科常绿针叶树

叶子两针一束，通过种子繁殖，但是常与红松或黑松嫁接。从种子萌发开始生长的大树成长期很长，但是通过嫁接的树木成长很快，寿命却很短暂。松果2～3厘米大，比赤松的果实要小。其主干分出多个粗枝并向远处延伸，树冠极大，用于庭院树被广泛种植。

的雨季将成为很大的一个问题。

"不行，雨季过后，树枝和叶子上会积存很多雨水，到时候，树根又无法承载那么重的重量。只好撑起一些支架来减少重量，虽然看起来不怎么雅观。"

大手爷爷又在每个树枝上立起了支架，这样子看起来盘松好像是刚刚被移植栽种的样子。

给盘松治疗完之后，天色已经黑了。大手爷爷决定在寺院里留宿一夜。吃完晚饭后，爷爷悄悄递给一叶小师父蜂蜜和点心，一叶小师父开心得嘴巴都合不拢了。看到一叶小师父高兴的模样，大手爷爷微微一笑，说："小师父法名是一叶吧。"

"是的。"

"那棵盘松叶子是两针一束，它法名叫作双叶怎么样呢？这样小师父就有了双叶这样一个同伴一起修行，不会感到孤单无聊了……"

"但是，双叶年纪好像比我大太多了，怎么办呢？"

　　"哈哈哈。"

　　那样一个深山寺院的晚上，夜越来越深，只有双叶在用心迎接清凉的晚风。

7. 木瓜"堂树"的旅行

"怎么会这样呢？"

主人焦急地催促大手爷爷。

"是啊，这棵树之前受伤就已经很严重了……"

爷爷只是不停地盯着树看，好像没有听到主人说话的样子。

"爷爷，您有所不知，这棵树非常昂贵，为了买到这棵树，真的花了很多钱，您要是知道花了多少一定会很吃惊的。"

主人好像在为花费的金钱感到痛心。

"我虽然也去过很多地方，但是这样大的一棵木瓜树还是头一次看到。是从什么地方弄到的这棵树呢？"

"别提了。是从离这里很远的南方海边移植过来的，要说这棵树的故事，真的一整夜都说不完。"

大手爷爷没有理会主人讲故事时夸张的表情，而是把工具一个一个地拿出来。

"让我们来看一看吧。竟然会这样！移植这棵树的时候，把树上的粗枝修剪得太多了。而且，修剪完之后也没有给树枝上的伤口涂抹药水。"

"还要涂抹药水吗？还有那种东西？"

"树枝被剪掉处如果开始腐

木瓜树
Chaenomeles sinensis
蔷薇科落叶树
叶片呈长椭圆形，叶缘具针状硬锯齿。木瓜树让人吃惊三次：因丑陋的果实吃惊，因苦涩的味道吃惊，因诱人的香气吃惊。

剜除腐烂部分：放任腐烂部分不管的
话，大树整体都会腐烂掉。为了防止大
树继续腐烂，要将腐烂的部分剜除掉。

喷药：伤口部分会有残留的细菌和害
虫，因此要用药水消灭。另外，为了防
止大树再次腐烂，也要喷洒药水。

填补枝干内部：大树内部有树洞的话，害
虫和细菌会再次进入。另外，被风一吹，
大树也可能会被吹倒，雨水渗入也会导致
腐烂，因此要用与树木类似的锯末等物质
将空洞的部分填满。

挂上吊袋注射液：给大树挂上吊袋注射
液，帮助虚弱的大树恢复气力。

烂，底部内部也会变得空洞洞的，甚至会长出蘑菇。首先要把死掉的那部分木质都削掉，因为成活的部分实在太少了。即使做了手术，这棵树生还的希望貌似也不是很大。"

"这棵树绝对不能死掉。它曾经是一棵堂树（译者注：韩语中意为村庄的守护神，祭祀时用到的树），是守护村庄的大树，大树死掉的话，我会遭到惩罚的。求求您，救救它吧。"

主人一脸愁苦地央求大手爷爷。

"树商们给你一个好的价钱让你卖掉的时候，你如果卖掉现在就不会后悔了吧。现在觉得好像是丢了钱一样，心里着急有什么用呢？"

大手爷爷不理睬主人闷闷不乐的抱怨，用凿子将死掉的部位凿出来，之后涂上药水，给大树注射营养液。但是，木瓜树看起来没有力气站立了。它已经站立300多年了，现在好像只想躺下去，对任何人没有怨言。木瓜树来到这个地方，早就已经断绝了其他念想。

很久很久之前，这棵木瓜树站立在海边，遥望着碧蓝的波浪，迎着海风，是如此的年轻。那时候，木瓜树上新鲜的树叶制造的养分滋养着全身，枝干像是运动员的肌肉一般鼓鼓地突出来，红色的树皮如同结实的盔甲，叶子好似结实的皮革一般不会被任何风雨撕裂。

时光流逝，村民们感慨于木瓜树神灵般的模样。不知道从何时起，人们在树干上开始缠绕上金带子来许愿。

金带子：人们不能随意走动的时候，生孩子的时候，腌制大酱的时候，都要缠上金带子。戴上金带子，鬼怪或是疾病都会被驱走。各地风俗会有所不同，为了标注大树或是石头等神圣的场所，也会在草绳上系上白纸条或是碎布条。

"堂树保佑，堂树保佑，希望去往京城的儿子能取得成功，生个一儿半女，生活幸福美满。"

"上天保佑，上天保佑。孩子他爸出海了，拜托龙王一定要保佑他平安归来。"

村里的人们在东方天空绯红之前，天黑蒙蒙的黎明时就悄悄来到这里，供上一碗刚刚打来的清水，各自许完愿便离开。不知道木瓜树是不是听了人们的愿望，村民们一直过着无忧无虑的生活。

现在，木瓜树对于村民来说已经是不可割舍的一部分。正月十五时，村民们都聚集在一起给木瓜树行礼祭祀，祈求一年内平安无事。

这样平和的日子在某一天被打破了。那天，一辆轿车停在了木瓜树前，扬起了一阵灰蒙蒙的尘土。

"哇！这么大的一棵木瓜树还

是头一次看到呢。能移植到我们家院子里就好了。想想就觉得很兴奋，主人在哪里呢？"

"请问有什么事吗？"

"我在找前面这棵木瓜树的主人。"

"这是我家地面上的木瓜树，您有什么事情吗？"

"那棵树太棒了，我给你足够的金钱，你把它卖给我吧。"

大树主人听到要给很多钱有点心动了，但是也有一些顾虑。

"那棵树是我们村子的守护神。我同意卖掉，但是村里的人们一定不会同意的。"

"我会说服村民的。"

那天傍晚，村子里举办了一场宴会，宴席上有丰富的食物，有马格利酒，人们都醉醺醺地吃完回家了。参加宴会的大部分是村子里上了年纪的老爷爷、老奶奶。

"虽然有点可惜，但是原本就不是我家的大树，主人说要卖，我们也没办法吧。"

真的是太草率地就决定了木瓜树的命运。

嘈杂作响的挖掘机和工人们来到正享受海风的木瓜树面前。为了挖出大树，挖掘机野蛮地挖开地面，工人们为了方便移植木瓜树，将树枝咔嚓咔嚓地剪断。木瓜树忍受着全身被折断的苦痛，之后被装载在卡车里离开了蔚蓝的大海，被移植到一个院子角落，那里有草坪，还种植着一排排云团般的圆柏。新主人邀请客人们观赏木瓜树，忙得不亦乐乎。

"怎么样？很壮观吧！"

"这好像不是普通的树，花了多少钱买来的啊？"

"是啊，钱倒是花了一些。"

"从哪里弄来的这样一棵树啊？"

盆栽：借助多种技巧和艺术创作，模仿茂盛的森林或是高山绝壁来营造各种树木，并栽培于小型花盆中。

每当客人看到大树发出感叹声的时候，主人的肩膀就得意地耸动着。但是，木瓜树被移植来的时候，因为被修剪得十分严重，伤口处没有得到有效治疗，因此逐渐地腐烂，开始凋零。

大手爷爷尽心尽力地治疗这棵木瓜树，忙得满头大汗，最后长叹了一口气站了起来。

"没办法了。好像成活不了了。移植大树不是像搬行李那样随随便便提起来就放下的。当时为什么要剪掉那么多的枝干呢？"

"想要像盆景一样看起来美观，才把超过树身两倍的枝干全都剪掉了。另外，因为这棵树实在太大了，搬动起来也不是很方便，所以只能把更多枝干都剪断了。"

"无论如何，这棵树的生命应是到头了。"

"真的是这样吗？我连本钱也捞不回来了。"

大手爷爷温柔地抚摸着木瓜树，对主人说："鲜活的生命不是随便就能买卖的，大树也是一种生命。不要有那种想法，觉得大树死掉后再买一棵就可以了，事实上不是这样的。"

主人听完爷爷的一番话，哑口无言，但是脸上却露出了一丝不满。木瓜树往日威风凛凛的模样早已不在，只是在静静地走向死亡，是人们的欲望结束了曾经鲜活的生命。大手爷爷无比心疼地望着那棵木瓜树。

8. 长树洞的红松

"哗哗！哗哗！哗哗！"

连续几天都在下雨，这样的雨天，大手爷爷难得清闲一阵。但是，近日，大手爷爷却没空闲坐着，因为家里来了贵客。孙女惠琳放了暑假来找爷爷玩。爷爷只有惠琳一个宝贝孙女。他忙着给惠琳烤红薯、烤玉米，还要亲手给惠琳修玩具，真是忙得不亦乐乎。第二天，持续好几天的连

阴雨终于停止了。大手爷爷和惠琳晾晒因湿气变得潮乎乎的被子。过了一会儿，爷爷又开始忙碌起来。收拾好工具包，使劲按压车胎看有没有漏气。

"爷爷，您要去哪儿？"

"嗯，对面山上有很多红松不舒服，前几天就应该过去瞧一瞧的，我得给它们好好治疗一下，以防它们的病变得更严重。"

"爷爷，也带着我一起去吧。"

"好吧，回来的路上还能去镇上吃一碗炸酱面呢。"

惠琳坐在自行车后座上，紧紧抱住爷爷的腰。大手爷爷的旧自行车咯吱咯吱地向山路出发了。

目的地是山地开垦后建造的一片恢宏的建筑群。沿路都铺设得很漂亮，有很多楼房在那面。

路之间的树林里有一大片红松林，它们高耸着，大到爷爷用胳膊抱都抱不过来。但是，向上看，就发现树叶已经干枯，变成了褐色，树皮上到处都是树洞。与其他

红松
Pinus kroraiensis
松科常绿针叶乔木

喜高山和寒冷地带，针叶5针一束，果实可食用或压榨成植物油，木材用于建筑或造船。

地方的红松不同，这里的红松没有一点生机，叶子也都蔫蔫的。

　　惠琳环顾红松一圈后，问爷爷，"爷爷，这些树为什么有这么多的树洞呢？"

　　"因为里面进去了很多囊虫和米象。"

"刚才我们一路上看到的很多红松都没事，为什么只有这里的红松会这样呢？"

"这是因为它们在这个树林里是弱者，人们都把囊虫和米象之类的昆虫称作害虫，但是相反，正是因为这些害虫，森林里的树木才能更加健康茁壮地生长啊。"

"害虫怎么让森林更加健康的呢？"

惠琳听到爷爷的话感到难以置信，又问爷爷。

"在人们看来，害虫没有一点用处，事实上不是这样的。健康的大树可以产生自我防护的物质，但是大树中的弱者却不能自生那种物质，因此才会轻易成为害虫的食物。

这样下去，树木中的弱者就会死掉，留下的都是健康的树木，它们的种子结实有力，才能营造一片更健康的大树林啊。"

"那么，这里的树都会死掉吗？"

"不是的。"

大手爷爷使劲按压了一下钻有

囊虫

米象

红松害虫：囊虫和米象会在红松枝干上打洞，将卵产在里面或啃噬里面的木质。被啃噬的部分无法正常传输水分和养分，很快会滋生细菌进而产生腐烂。

树洞的树皮说："这棵树的树皮还很坚硬，看来距离害虫入侵没有多长时间，给它缠上绷带，不让害虫再次进入，就不会死掉了。"

大手爷爷给每个树洞注射杀死害虫的药水后，缠上了绷带，看起来就像是给骨折的人打上了石膏。如果骨折的是人，肯定要躺在重症监护室内休养，但是作为大树，疼也必须站着。

大手爷爷和惠琳又仔仔细细观察了路边的每棵大树，有一棵两人合抱粗的大红松内部已经空洞洞的了。

"爷爷，这棵树里面都空了，还能活下去吗？"

"因为大树内部的都是死细胞，不担负输导水分和养分，因此空心的大树依旧可以生长。但是，如果处于腐烂的状态时间太久，大树会变得衰弱，因此今天必须要给这棵红松治疗，不能让它再继续腐烂了呀。"

"真的好神奇啊，大树空心也能继续生长……"

"现在要开始做手术喽。"

听到爷爷说要做手术，惠琳大吃一惊："大树也要做手术吗？"

"当然了，和人类没有什么不一样，但是大树没有胃、肠、肺、心脏等消化器官和循环系统，因此只能接受外科手术。惠琳来帮帮忙，递给我凿子和铁锤。"

大手爷爷用凿子和铁锤凿出大树内部腐烂的部分，直到

注射杀虫剂：确定树洞内有昆虫后，用注射器注射杀虫剂。

缠上绷带：用绷带将产生树洞的部分缠绕，防止害虫再次入侵。

看到白色坚硬的鲜活组织。

　　"几乎都给凿了出来，但是还有腐烂的部分呢。这得用刷子一点点地刷干净。把带铁丝的刷子给我吧。"

　　大手爷爷用刷子磨刷大树内部，然后用毛笔刷上一层酒精。

　　"爷爷，那样刷大树，大树不会疼痛吗？"

　　"人们皮肤上如果有脓疮，也得把脓疮挤出来呀。如果因为疼而没把所有的脓疮挤出来，化脓之后伤口不仅不会愈合，反而会变大的。因此，要把腐烂的部分全都清理干净才可以。另外，我们受伤的话，会有新肉长出来，大树

树瘤：针叶乔木身上有了伤口就会流出树脂，树脂覆盖住伤口，防止细菌和雨水进入。如果有雨水进入伤口，大树就会腐烂。阔叶乔木没有松脂，取而代之的是愈伤组织，愈伤组织可以覆盖住伤口抵制细菌和雨水进入，形成树瘤。

也会产生自我修复的物质。看到那棵树上的瘤子了吧！那是'树瘤'，就是大伤口的疤痕。就如同健康的人们会很快痊愈，大树健康的话，伤口也会很快愈合的。"

大手爷爷等酒精稍干一些，又给大树涂上了药水。就好像是给人的伤口涂抹药膏一样。

"但是爷爷，为什么要给这里的大树治疗呢？刚刚不是说森林里的那些不健康的树木要被害虫杀死了，森林整体都会变得更加健康吗？"

"是啊，惠琳觉得今天爷爷做了徒劳无功的事情是吧。但是这里的森林已经不能通过自己的能力变得健康了，因为四周被柏油马路包围着，每天都有车辆经过，如何能变得健康呢？"

9. 色木槭树下接种子

　　还是个灰蒙蒙亮的清晨，正是黎明破晓时分。大手爷爷家的烟囱里冒出袅袅的白烟，干电池老收音机伸出天线放置着，从里面飘出低沉悠扬的歌声。大手爷爷非常喜欢听收音机，清晨睁开眼睛就把收音机打开，调整天线，寻找音质最好的方向。人们总是问山里的生活到底有什么意思，爷爷总是像准备好了似的，回答道："有收音机，一点也不觉得闷呢。"

大手爷爷坐在灶台边准备早饭，清晨时间很短，一眨眼的工夫好像就过去了。外面发出咣当咣当的声响，跟屁虫撑在厨房门槛上，轻轻地摇晃着尾巴。

"来，我们出发吧。"

爷爷吃完饭，背上大大的行囊，离开了家。背囊里装着可以帮爷爷抵御山间寒风的外套，可以填饱肚子的香喷喷的炒米粉和面包，还有香甜的草莓酱。背囊的底层还有折叠整齐的细密铁丝网。

"喂，小家伙！"

爷爷看到跟屁虫吧嗒吧嗒迈着脚步可爱的模样呵呵地笑了。大手爷爷离开家的时候，调皮鬼跟屁虫总是会跟着出来。有一次，爷爷骑着自行车去镇里的时候，它都跟着去了。或许是跟屁虫脚力好，它没有沿着路走，而是在山里上上下下，完全不知道疲惫。

大手爷爷去山里的时候，从心里就不情愿带着跟屁虫。因为跟屁虫老是觉得是自己在守护爷爷，一旦听到远处山中野兽的脚步声肯定会大叫起来。爷爷很感激它能守护自己，但是看着野兽因受惊吓而逃跑掉的模样真不是一般的遗憾，还失去了近距离接触野兽的机会。跟屁虫不明白这件事，以为爷爷喜欢它跟着，在旁边摇晃着尾巴叫起来。

"汪汪！"

"小家伙，嗓音真响亮啊！"

上次去山里的时候，跟屁虫夜里一直在叫，爷爷起身一看原来是一只刺猬一动不动地蜷成一个团。好像是跟屁虫好奇心太重，碰了碰长得像毛栗子的刺猬，然后鼻尖被刺到了。最后，爷爷为了把跟屁虫和刺猬分开，不得不急忙转移位置。

跟屁虫今天也一如既往地跟着出发了。背着行囊的大手爷爷看起来好像已经决定好要去哪里了。

"好吧，你就跟我做个伴吧！"

爷爷终于允许跟屁虫跟着自己了。他把跟屁虫放在车框里，上了村里的后山。这座山并不险峻，孩子们也可以轻易地爬上爬下，但是向上走走看的话，就会发现这座山绵延起伏超过了1000米。另外，沿着山脊继续向上走的话，就是连接白头大干的山顶。

译者注：白头大干是贯穿韩国南北的大动脉，是拨开东海水流和西海水流的大分水岭，是14个正干和正脉的母体，它是所有江河的发源地，是朝鲜半岛山地分类体系的象征，是韩民族人文、社会、文化、历史的基础，也是作为自然环境和生态系统中心的代表性山脉。

大手爷爷爬山的速度很慢，因为身上背着的行李比较沉重，如果要长时间攀登的话，需要调节气息。但是，爷爷慢慢登山的主要原因是要跟大树打招呼。不是用言语来表达，而是用眼睛。森林是非常寂静的，爷爷一边和好久不见的大树打招呼，一边仔细查看最近它们过得好不好，有没有因台风受伤的大树，种子颗粒是否饱满，有哪些大树长了新叶。

　　借给猕猴桃藤蔓树枝的大山樱好像后悔似的，有几处枝干已经死掉了，是猕猴桃藤蔓抓得太紧的缘故。去年倒掉的稠李树树桩周围的苏合香树吐出了新叶，叶基处零散的叶子边缘尖锐锋利，动物们好像也知道有刺而不敢吃它的叶子。跟屁虫已经不见了身影，它一口气跑到山顶，累了自然会下来的。

　　太阳快落山的时候，大手爷爷到达了目的地，是海拔1400米的高山下一处宽广低洼的幽静场所。周围的白蜡树、蒙古栎、刺楸、赛黑桦、紫椴、色木槭等高大乔木高耸入云，下方有枫树、苏合香树、三桠乌药等矮小树木正

紫椴
Tilia amurensis
椴树科落叶乔木

叶片呈心形，边缘有锯齿，花蕾晾干可入药，木质轻便坚硬用于制造米缸、年糕板和菜板。

赛黑桦
Betula schmidtii
桦木科落叶乔木

树身高大，可活很长时间，叶片呈卵形，边缘有锯齿。木质坚硬，用于制作捶衣棍。

色木槭
Acer mono
枫树科落叶乔木

叶片呈掌状，5～7裂。果实上有翅，可乘风飞翔。枝叶折断可见白色乳汁。

刺楸
Kalopanax pictus
五加科落叶乔木

叶柄细长，叶片呈5～9裂，边缘有锯齿。枝干上有刺，长大后消失。嫩叶采摘后可做野菜食用。

蒙古栎
Quercus mongolica
壳斗科落叶乔木

叶片呈卵形或倒卵状长椭圆形，边缘有锯齿。果实可捣碎做淀粉食用。

白蜡树
Fraxinus rhynchopylia
木樨科落叶乔木

叶片为羽状复叶，小叶呈卵状。因树上放养白蜡虫，故取名白蜡树。木材用于制造家具和工具。

更换花花绿绿的外衣来迎接临近的冬季。爷爷瞧着那些高大的树木，露出欣慰的笑容，之后他放下背囊擦掉了脸上的汗珠。

"跟屁虫呀！"

跟屁虫听到爷爷在呼叫好像吓了一跳。因为无论何时，跟屁虫到处跑来跑去爷爷都没有喊过它。跟屁虫毫不迟疑地跑到爷爷身边。

"跟屁虫，从现在开始你不许跟在我身边，去那边玩耍吧。"

大手爷爷谆谆告诫跟屁虫，并从背囊里拿出铁丝网。像夏天的蚊帐一样的铁丝网非常宽大，可以钻进20~30名成人，展开来像是没有绳子的扇骨一样。

"今天要收集色木槭的种子，好吧，我来看看哪棵树最结实呢？"

大手爷爷自言自语地观察四周，挑选了一棵最雄伟、最敦实的大树，在树底下铺开圆圆的铁丝网。色木槭的种子不仅小，而且长有翅，会随风散播，因此不容易收集。而且，大树本身就比较高大，无论怎么摇晃，种子都不轻易落下来。因此，在树底下铺开铁丝网，只能在夜间静静等着种子自己掉落。

"我会帮你把这些种子带到远方好好培植的，结实的种子快点落下来吧。"

大树为了尽量将种子从母株上送往远方，在强风刮过的时候，会送种子离开。但是大树好像听懂了爷爷的心声，放开了被风紧紧抓住的种子，种子咕噜噜地都落入了铁丝网内。

铁丝网：大树周围有很多草，树种如果落在草丛之上，就很难和草籽区分开来，因此在大树底下铺开铁丝网来收集种子。

色木槭的种子

种子呈八字模样，两侧有翅，可随风旋转向远处飞去。类似色木槭的乔木在强风下，种子会被吹落带往远方。因为如果直接落在母株树下扎根发芽，双方都无法茁壮生长。

太阳落山了，黑夜开始降临，大手爷爷在岩石下用手聚拢了一些落叶，这是在准备晚上的简易睡床。在落叶堆里铺上外套，又柔软又舒服。或许因为是月末的最后一个夜晚的缘故，悬挂在树枝末端的飞马座非常清晰。明天清晨，铁丝网上应该会落满一层种子吧。

10. 等待来年播新种

　　山里面那所孤零零的房子从烟囱里冒出袅袅炊烟。雪下了一整天，把整座山都装扮成一个银装素裹的世界。大手爷爷开始点燃炉灶，劈开几年前因松叶瘿蚊虫害致死的松树用作烧火的燃料。火苗如果不是很旺盛，刚开始点火的时候用纸张就很容易点着了。

　　爷爷已经开始煮饭了。大麦、橡子、玉米糁，还有几颗

板栗，锅里香喷喷的，就快要煮熟了。墙上的挂钟显示时间为六点，窗外已经变得黑漆漆的了。

爷爷翻动着灶台里的柴火，把几个红薯塞了进去。

吃完晚饭后，大手爷爷外出转了一圈后，唤了跟屁虫到厨房，关上了门。

"外面太冷了，还是在灶台旁睡吧。不要靠得太近哦，小心尾巴被烧着了。"

大手爷爷在厨房内哄跟屁虫睡觉是因为野兽的关系，这样飘雪的冬日，山上的野兽会跑下山来到村里寻找食物。

大手爷爷又披上一件厚厚的外衣，走出来望着前方的山，深深地吸了一口气。虽然现在仍是冬天，但是似乎嗅到了某处一丝春天的气息正在萌发。

"明天要去山谷的阳面看看，那里的春天最早来临……"

爷爷喃喃自语着又回到了厨房，拿出烤得黄澄澄的红薯和跟屁虫一起分吃了，之后他把吃剩下的红薯皮堆在了屋檐下，这是让野兽吃完就离开的意思吧。

清晨，爷爷起床一看，外面的雪已经堆积得很厚了。他走下石阶，捏了个雪团拿在手里看："这雪很适合做雪人呢！"

　　大手爷爷戴上帽子，拿着
木杆，向山路走去。

　　"咔嚓！啪嗒！啪！"

　　是树枝不胜积雪的力量，纷纷折断的声响。冬季，对
于那些叶子落光的大树来说，即使下雪，树枝也不会折
断。但是，像松树这样冬天依旧挂满树叶的大树，因为承
担不了树枝和树叶上积雪的重量，总是会被折断。像今天
这样的大雪，水汽含量又多，重量更加一层，山里面到处
都是松树树枝折断的声响。

　　大手爷爷用木杆帮松树弹掉树枝上堆积的雪，白色的
雪花在风中飞扬，闪出耀眼的光。低垂的树枝重新又弹了
上去，松针看起来更加翠绿了。

　　"看雪下得这么大，来年一定是个丰收年。"

　　从很久以前就有这样的谚语，"瑞雪兆丰年"。据说
是因为雪融化后，渗入土壤，来年就不会有干旱，农作物
就会丰收。

那么，去年刚刚发芽的小树苗怎么过冬呢？要趁早打落树上的树叶，为预防树苗在零下温度的冬季结冰，要去除枝干上的水分并填充糖分，帮助小树苗迎接冬天。

但是，仅仅靠这些小树苗并不能平安无事地度过冬天。因为，和大树不同，小树苗的根部短小纤细，土壤的储水层如果上冻，就会结成冰霜，这样土壤就会浮起，内部的小嫩根就会断掉，露出地表。去年冬天，大手爷爷将土壤踩得结结实实的并铺盖上了落叶。或许是担心如果不下雪，树苗根部会受伤吧。

幸好，今年下了场大雪，对树苗来说真的是令人感激的一件事。雪花纷纷扬扬，厚厚的，像是纯净的棉被，小树苗们可以过个暖和的冬天了。

大手爷爷今天出门了，努力感受隐藏着的春天的气息。山谷阳面溪边的红心藜已经吐出了红叶，臭菘也开始冒寒绽放了。

积雪的树枝：大雪天，雪花会堆积在树枝和树叶上，总是会折断树枝。这时候，如果随着树枝折断，树皮也跟着脱落的话，露出的树身处会有细菌和水分进入，进而产生腐烂。

大树的根部已经作好了准备，只等着地面上的枝干变绿了。看到水杨和三桠乌药吐出了胖嘟嘟的花芽，爷爷一边想着"现在离春天不远了"，一边拿出一整个冬天闲置在仓库的工具，开始动手清理修剪，就像帮冬树在为春天作准备。

现在新芽萌发，大树都在伸着懒腰。一个个地即将苏醒，看来大手爷爷又要开始忙碌了。

图书在版编目（CIP）数据

感谢你，大树医生！ /（韩）禹种荣著；（韩）白南元绘；王晓译.
— 北京：北京联合出版公司，2013.6（2020.6 重印）
（我的自然观察笔记）
ISBN 978-7-5502-1545-0

Ⅰ.①感… Ⅱ.①禹… ②白… ③王… Ⅲ.①森林 –
病虫害防治 – 少儿读物 Ⅳ.①S763-49

中国版本图书馆CIP数据核字(2013)第110168号

北京版权局著作权合同登记 图字：01-2013-3043号

我的自然观察笔记

感谢你，大树医生！

著 者	[韩]禹种荣
绘 者	[韩]白南元
译 者	王 晓
责任编辑	徐秀琴 昝亚会
项目策划	紫图图书 ZITO
监 制	黄 利 万 夏
营销支持	曹莉丽
版权支持	王福娇
装帧设计	紫图装帧

北京联合出版公司出版
（北京市西城区德外大街83号楼9层 100088）
艺堂印刷（天津）有限公司印刷 新华书店经销
字数200千字 720毫米×1000毫米 1/16 33.5印张
2013年6月第1版 2020年6月第2次印刷
ISBN 978-7-5502-1545-0
定价：199.00元（全4册）